下飯ㄟ菜

讓你胃口大開的 *60* 道料理

邱筑婷 著

朱雀文化事業有限公司 出版

序一
多吃一點！

編 寫下飯菜食譜源起於許多婆婆媽媽常向我抱怨：煮飯已經煮到了一個瓶頸，每天除了思考著菜色該如何變換，還得承受家人的批評以及挑三揀四，而對著一桌的剩菜，實在傷腦筋耶！其實做菜就像是魔術師變把戲，不僅娛人而且樂己，尤其還能從中獲得無上的滿足感，並聯繫家人的情感，所以當然要多花一點心思在烹飪上。

這次我將許多可口的下飯菜集結成冊，內容包括雞鴨鵝類、豬牛羊類、海鮮類和什蔬類（包含蔬菜、蛋、豆腐）等容易製作的菜餚，材料也很方便購買，不只下飯還很適合帶便當，而且保證一上桌就讓人胃口大開。本書所提供的食譜雖稱不上飯店級的主廚功夫菜，但卻是能讓一家子開懷大嚼的下飯菜，我衷心希望這本書能讓你不必傷腦筋想菜單，並藉此照顧你一家人的腸胃。如果讀者對書中的做法有任何疑問，都歡迎隨時上網與我聯繫，我的電子郵件信箱是
anniechu@mail.ht.net.tw

邱筑婷

吃飯吃飯，天天都要吃飯；對於每天必須進廚房烹煮三餐的你，是否覺得已經變不出可口的菜色來吃飯了呢?其實想要燒出一桌子的菜餚並不難，但是要燒得每道菜都讓人頻頻叫好，可得要花一點功夫了。我相信每個手持鍋鏟的人都希望看到自己燒出來的菜盤盤見底，而且只要看到用餐的人再添一碗飯，就會忘記煮飯時揮汗如雨下的所有辛勞吧!

編輯室報告－

再添一碗飯吧！

──讓菜餚色香味俱全的祕訣

其實要讓菜餚色香味俱全有一個小小的祕訣：那就是利用香料植物來助我們一臂之力。所謂的香料植物包括了常見的青蔥、薑、青蒜、辣椒、香菜、巴西里和九層塔，這些我們熟悉又垂手可得的香料植物，扮演著小兵立大功的角色，讓菜色更美麗也更可口；既達到畫龍點睛的效果，又不至於喧賓奪主。所以在菜餚上加上少許的香料入菜，將可以使你做出來的菜色更加的香噴好吃!

至於什麼樣的菜色該搭配什麼樣的香料呢?這裡必須要把握一個原則，也就是香料與食物的搭配應該是相輔相成，通常腥羶味重的食材，如海鮮、鴨肉、鵝肉、羊肉和動物內臟，可搭配薑絲、香菜或是九層塔；而豬肉、雞肉、豆腐和蛋，則可搭配青蔥或是青蒜，還有漸漸被國人接受的巴西里也可以加入料理中，有新鮮及乾燥罐裝兩種，使用範圍非常廣泛，舉凡視覺效果太單調的菜色，都可以酌量撒上少許的巴西里末，增加顏色的豐富性，也幫助開胃。當然這些並非一成不變的組合方式，還是要依照菜色本身的口感，甚至是家人的口味來做決定，相信很快就可以運用自如。無論如何，希望這本書所提供的60道美味下飯菜能夠幫助你滿足一家人的胃，並且激發廚藝的創意靈感。

3

目錄
Contents

序／多吃一點！ *2*

編輯室報告／再添一碗飯吧！
　　　　　　─ 讓菜餚色香味俱全的祕訣 *3*

開胃精靈 ─ 聰明運用各式辛香味及調味品 *6*

呷飯囉！─ 煮出好吃又有特色的飯並不難 *10*

豬牛家畜類

紅燒獅子頭 *32*

東坡肉 *34*

梅干扣肉 *36*

花生豬腳 *38*

蒜爆鹹豬肉 *40*

粉蒸肉 *42*

蒼蠅頭 *42*

蔭瓜仔肉 *44*

糖醋排骨 *46*

豉汁排骨 *48*

無錫排骨 *50*

瓠瓜肉末 *52*

雪菜肉絲 *53*

五更腸旺 *54*

雞鴨家禽類

辣醬雞丁 *14*

香菇燒雞 *16*

左宗棠雞 *18*

醬爆雞心 *20*

醋燒雞 *20*

椰汁辣雞 *22*

辣味雞胗 *22*

香芋雞塊 *24*

辣筍鵝肉 *26*

芋奶鴨 *28*

薑絲大腸　*56*

大溪小炒　*58*

苦瓜燗肥腸　*58*

臘肉炒年糕　*60*

八寶辣醬　*60*

黑胡椒牛柳　*62*

越南牛肉冬粉　*64*

客家牛肚　*66*

泡菜牛肉　*66*

沙茶羊肉　*68*

Assorted Vegetables

什蔬類

西芹素雞　*92*

魚香茄子　*94*

滷白菜　*96*

XO醬炒芥蘭　*98*

乾扁四季豆　*99*

醬燒海帶卷　*100*

麻婆豆腐　*102*

腐乳空心菜　*102*

家鄉豆腐　*104*

蝦仁豆腐　*106*

辣醬臭豆腐　*108*

湖南蛋　*110*

魚香烘蛋　*112*

湖南前鋒菜　*112*

番茄滑蛋　*114*

芙蓉蒸蛋　*116*

Sea food

海鮮類

豆酥鱈魚　*72*

豆瓣魚　*74*

檸檬魚　*76*

醬燒海魚　*78*

清炒酸辣海鮮　*80*

麻辣透抽　*82*

燒酒小卷　*84*

百合咖哩蝦仁　*86*

蛤蜊絲瓜　*88*

豆豉鮮蚵　*88*

■本書度量單位使用說明

一、容積換算表

1公升＝1,000c.c.　1杯＝200c.c.

1大匙＝15c.c.　1茶匙＝5c.c.

二、重量換算表

1公斤＝1,000公克

1台斤＝600公克＝16兩

開胃精靈
——聰明運用各式辛香味及調味品

由於下飯菜的食材口味偏重，所以建議你按照家人習慣的鹹淡程度來調整用量的多寡，只要充分運用市售調理品，如醬油、番茄醬、甜麵醬、辣椒醬、海鮮醬、咖哩粉等，待熟悉本書中每道食譜的調味配方後，在下次逛超市時，就可再嘗試新的調味品或辛香料，創造屬於自己的新食譜，相信你的手藝會愈來愈好喔！

青辣椒、紅辣椒、乾辣椒、朝天椒

世界上辣椒的種類相當的多，光是墨西哥就出產將近150多種的辣椒，讓人簡直目不暇給。而台灣常見的辣椒則包括了青辣椒、紅辣椒和朝天椒，其中以朝天椒的辣度最為明顯。

乾辣椒則是一般的紅辣椒經過陽光曝曬後製成，通常多用在宮保類菜餚。趁著辣椒價格便宜的時候多買一些，找個空曠通風的地方，鋪著報紙將洗淨的辣椒每5～6支栓在一起，整齊均勻的接受日曬，約3～5天的時間即成。

青蔥、老薑、嫩薑、大蒜

具有殺菌防癌效果的香料植物，青蔥可以預防感冒；薑可以促進血液循環，讓身體產生熱能以達到保暖的功效；大蒜則可以幫助殺死體內壞菌，讓身體的抵抗力增加。通常老薑的作用是在爆香，尤其使用麻油來爆香老薑更是絕配，可製作麻油雞或是三杯雞、三杯中卷等；而嫩薑則多與海鮮類的食物搭配，一起清蒸或是翻炒。

洋蔥、青蒜、紅蔥頭

生洋蔥的味道辛辣刺鼻，但是炒過之後口感卻變得非常甜美，它除了有殺菌的功效之外，據研究還可以幫助睡眠穩定，洋蔥的使用相當廣泛，可以和肉類或是海鮮共同烹煮，熬煮高湯的時候也少不了它，因為煮過的洋蔥會釋放出天然的甘甜味，增加湯頭的鮮美味道。

青蒜和青蔥時常混淆著新手主婦們，其辨別的方式是青蒜的葉片呈扁狀，莖部呈圓球狀且較青蔥粗；而青蔥的葉片呈中空圓筒狀，莖部粗細則與葉片寬度很接近。青蒜適合與煙燻的肉類共同烹煮，包括臘肉、客家鹹豬肉或是鴨賞，同時也適合與海鮮食物搭配，或是加在肉類的滷鍋中做為提香的材料，例如無錫排骨。

紅蔥頭與洋蔥屬同類，紅蔥頭的味道更加辛辣刺鼻，通常將之剁碎與絞肉混合，用來製作肉燥的基底；且製作油飯或是筒仔米糕時，紅蔥頭亦是不可或缺的香味材料。

九層塔

　　九層塔是一種便宜又迷人的食材，還具有解毒的功效呢，所以時常和寒性的食材一起料理，例如九層塔炒螃蟹、炒蛤蠣、炒田雞等。九層塔一年四季皆有售，購買時盡量挑選沒有受到損傷的葉片為最佳，使用的前一刻才洗淨擦乾，剩餘的部份保持乾燥放置冰箱冷藏，約可保存2～3天。

香菜

　　又稱莞荽，每個人對其評價不一，有人認為它的味道嗆鼻難聞，有的人卻非常喜歡它獨特的香氣。台灣小吃攤使用的機率相當頻繁，大多在主材料製作完成後撒在上面，增加香氣與口感，不妨試試看，可增加食慾喔。

甘樹子

　　又稱破布子、樹子，是相當古老的天然調味材料，通常與海鮮類食物搭配，清蒸或是翻炒都很適合，也可以直接搭配清粥食用。

酸菜、梅干菜、廣東泡菜、四川泡菜

　　此類屬於醃漬類的加工食品，除了梅干菜外，其他都可以提高菜餚的酸味和辣味。梅干菜是製作梅干扣肉不可少的材料，它的口感甘甘鹹鹹，還可以和豆乾、豬肉等食材共同烹調。酸菜是製作五更腸旺的材料之一，而廣東泡菜、韓國泡菜和四川泡菜除了直接當作小菜品嘗外，還可以和肉類或海鮮一起烹煮，當作提味的材料。這三種泡菜口感的差異在於廣東泡菜酸酸甜甜，四川泡菜則偏辛辣，而韓國泡菜則明顯的重鹹重辣。

蝦米

　　又稱金勾蝦、開陽，體型短小而胖，是煮菜的調味良伴，適合與厚葉蔬菜（如白菜、芥菜）共同烹煮；也適合與絞肉混合調製做成肉燥的基底；更是製作臘味蘿蔔糕和糯米飯的材料之一。另外豆乾類的菜餚也很適合加入適量的蝦米，當作爆香的材料。

紫蘇梅

　　梅子是日本人的開胃食物，據說日本的太子妃每天清晨用膳前都要先吃一粒梅子，為的是達到美容養顏、延年益壽的目的。且紫蘇具有很強的殺菌功效，清蒸螃蟹的時候都會放上紫蘇葉，目的是希望能夠解毒去寒；在肉類的滷鍋中加入適量的紫蘇梅也可以增加滷汁的甘甜味，例如梅干扣肉。

醬油、淡色醬油、醬油膏

　　醬油主要是利用黑豆加入豆麴發酵製成，以前的人會在家中自製醬油，但是現在這種情況已不常見了，反觀市面上出現了許多品牌的醬油，各自標榜口感的獨特性，不妨多嘗試幾種品牌，來決定最喜歡、最適合的口味。

　　淡色醬油的外觀乍看之下與一般醬油沒有差異，但是當下鍋烹調後，就會發現其顏色呈淡褐色，而且即使是多次回鍋加溫也不至於讓整鍋湯汁的顏色變深。

　　醬油膏的鹹味比醬油來得重且較濃稠，通常將它拿來沾肉片或是海鮮食用，也可以與醬爆類的食材混合烹煮，但是務必小心控制鹽分的使用量，以免太鹹而無法入口。

豆瓣醬、豆腐乳、紅腐乳、豆豉、豆酥

　　東方人喜歡利用豆類發酵後再加工，製成許多鹹度偏高的產品來食用，而事實上這些天然加工食品的確也很符合東方人的口味。除了豆腐乳可以直接搭配稀飯食用之外，其他的產品都必須與食材混合烹煮過後食用，如此一來除了將材料本身的味道與食材融合，同時也更能夠凸顯材料的特色。建議家庭主婦們隨時準備這類食材，在煮菜的時候適量的加入調味，可以增加菜餚的美味口感。

番茄醬、甜辣醬

　　日常生活中最不可缺少的調味料，小朋友尤其喜歡在蛋炒飯上添加番茄醬，因為它酸酸甜甜的口感正符合小孩子的味覺，但是減肥的朋友可得注意了，因為番茄醬的糖分和熱量都不低，所以必須嚴加控制攝取量。

　　甜辣醬的作用不僅可搭配粽子和蛋餅；在製作黑胡椒牛柳時加入適量的甜辣醬，也可以增加菜餚的口感。

下飯ㄟ菜

黑胡椒醬、甜麵醬

　　黑胡椒醬可搭配的食材範圍相當廣泛，舉凡雞鴨鵝、豬牛羊、海鮮和蔬菜，都可以和黑胡椒醬混合拌炒，甚至還可以取代烤肉醬，在烤肉前先以黑胡椒醬稍加醃漬肉片，就可以烤出不同滋味的香嫩口感。

　　甜麵醬是麵粉類製品，通常是先將甜麵醬與其他調味料拌勻，再倒入炒鍋中與材料混合翻炒均勻，它能使菜餚的顏色加深、口感加重，是製作醬爆類菜餚不可或缺的調味聖品。

咖哩粉、辣椒粉

　　咖哩粉和辣椒粉是公認的下飯調味料，因為辛香辣的氣味可以刺激味覺，同時也有開胃的作用。烹煮咖哩時加入少許的糖，可以提高咖哩的辣度。而辣椒粉的使用量必須要多加克制，因為辣椒所含的辣椒鹼成分會刺激腸道黏膜，攝取過多將導致腸胃道的疾病。咖哩粉和辣椒粉的種類眾多，適量的與菜餚搭配，可以增加食欲。

辣椒醬、辣油、泰式辣醬

　　這類醬料都是利用辣椒加工製成的，最好購買無添加防腐劑的產品，開封後必須放入冰箱冷藏保存，雖然價格貴了點，但是可以保障食用後身體沒有負擔。辣椒醬適合製作五更腸旺、麻婆豆腐等辛辣開胃的菜餚。而泰式辣醬經常運用於東南亞口味的料理，成分包含魚露，所以口味偏甜，不嗜吃太辣者可嘗試看看，使用方式與一般辣椒醬相同。

沙茶醬、海鮮醬、XO醬

　　以海鮮為基本材料，進而加工製成的調味料，一般家庭常使用沙茶醬，對海鮮醬和XO醬較陌生。當製作叉燒肉時，以海鮮醬來醃漬使味道更鮮美，而XO醬則是主婦的好幫手，炒芥蘭菜、炒鮮干貝時都可以加入XO醬來增加菜餚的鮮美滋味；甚至在製作肉包子、月餅或綠豆椪的內餡時，也可酌量調味。

呷飯囉！
─煮出好吃又有特色的飯並不難

別老是認為米飯是發胖的原因，它不但不容易胖且含有豐富的營養素，包括醣類、蛋白質及少許的維生素B群和礦物質等，提供人體每天活動所需的熱量，更重要的是它能提供飽足感，降低對零食和其他不必要的高熱量食物需求。所以別擔心吃米飯會變胖，身體發胖不是米飯的罪，而是體內攝取的熱量比消耗掉的熱量還多，多餘的熱量就儲存在體內，這才是造成發胖的最主要原因。

要煮出一鍋好吃的飯有個小訣竅：煮飯的時候滴入少許的沙拉油，並加入少量的鹽，就可以煮出一鍋米粒飽滿、晶瑩剔透的白米飯喔！當然米飯的品質也是決定性的關鍵因素，一般生米的保存期限約3個月，而最佳的保存方式是置於乾燥陰涼處，避免潮濕或是曝曬於烈日下。夏天的時候，建議你將生米分成小包裝，袋口封緊或是抽出空氣成為真空狀態，放置於冰箱冷藏。另外，在米缸內放置幾粒乾淨乾燥的大蒜，則可以有效的預防米蟲的侵襲。

老一輩的人常常提到光復之初民生物資缺乏，餐餐都是番薯稀飯，難得才能吃一頓完整的白米飯，其實以現代健康概念的眼光來看，食用番薯稀飯反倒是便宜又正確的養生食療法，因為番薯含有豐富的膳食性纖維，它可以幫助腸胃蠕動，進而達到預防便秘和降低大腸癌發生的機率。現代人更加幸福了，除了番薯之外，我們可以添加一些養生食材或蔬菜與白米一起煮，不僅達到養生的目的，更能讓每天吃的飯變得多采多姿！這裡介紹6種不同的米飯，每一種都有豐富的營養價值和不同的口感，希望你在為家人思索著該如何變換菜色時，也別忽略了默默在一旁發揮重要功效的米飯喔！

五穀雜糧飯

市售的五穀雜糧米成分包括糙米、蕎麥、黑糯米、小米和小麥，使用前必須先以水浸泡3～5小時，再混合白米蒸煮至熟透為止。五穀雜糧米與白米的比例為1:1，剛開始食用時如果擔心家人吃不習慣，可以將五穀雜糧米的比例再減少為白米的1/2或1/3。

干貝飯

將生的干貝洗淨後浸泡在水中，待干貝軟化後撕成絲狀，把干貝絲、白米、浸泡干貝的水和米水混合蒸煮至熟透為止。干貝與白米的比例為1:1，也就是1杯米配1顆生干貝。

昆布飯

將乾的昆布放置在洗淨的白米和水中，混合蒸煮至熟透為止。市售的昆布有細絲狀和長條狀，使用細絲狀的昆布，則昆布與白米的比例為3:1，也就是3條細絲昆布配1杯白米；使用長條狀的昆布，則昆布與白米的比例則是1張約名片大小的昆布搭配1杯白米。

燕麥糙米飯

燕麥與糙米的比例為1/2:1。如果不習慣吃完全糙米的人，可以加入一些白米，燕麥、糙米與白米的比例為1/2:1/2:1。

＊注意：凡糙米入電鍋蒸煮前必須先以水浸泡約1個小時，同時蒸煮時的水量要比一般的水量再多1/3杯。

黃豆糙米飯

將黃豆浸泡在水中約4～6小時，待黃豆膨脹後瀝乾水份，與白米、糙米、水混合蒸煮至熟透為止。黃豆、糙米與白米的比例為1/3:1/2:1，也就是1杯白米配1/3杯的黃豆（膨脹前）和1/2杯的糙米。

菜飯

菜飯有兩種做法，一種是低熱量的健康蒸煮方式，將高麗菜洗淨剝開葉片，切成絲狀，與白米和水混勻，加入少許的油和鹽混合蒸煮至熟透為止，1杯白米大約配上半片的高麗菜葉。另一種方式是將高麗菜洗淨切絲炒熟，加入白米和水中混合蒸煮至熟透為止，大約1杯白米配1/2杯炒過的高麗菜。

1		
2		6
3		5
4		

1五穀雜糧飯
2干貝飯
3昆布飯
4燕麥糙米飯
5黃豆糙米飯
6菜飯

Poultry

雞肉是我們最熟悉的家禽類，
在此單元中利用雞肉不同的部位，
烹調出各具特色的料理；
同時教你運用市售已調理好的鴨肉、鵝肉，
再次加工成為桌上美味的下飯菜餚。
其實偶爾完全拋棄最熟悉的料理模式，
就能夠變換出令家人耳目一新的好菜色喔!

雞鴨家禽類

下飯ㄟ菜

辣醬雞丁

[材料]

雞胸肉 ……………………150公克
太白粉 ……………………1大匙
荸薺 ………………………4個
毛豆仁 ……………………2大匙
紅辣椒 ……………………1支
鹽、黑胡椒粉 ……………適量
沙拉油 ……………………3大匙
(A)
甜麵醬 ……………………1/2大匙
辣豆瓣醬 …………………1/2大匙
米酒 ………………………1茶匙
醬油 ………………………1茶匙
水 …………………………2茶匙
細砂糖 ……………………1/2茶匙

[做法]

1 雞胸肉和紅辣椒切丁,雞胸肉抹上太白粉(圖1),荸薺拍碎,毛豆仁燙熟,將(A)料混合攪拌均勻備用。

2 鍋中倒入沙拉油熱鍋,加入雞胸肉和荸薺快炒,放入(A)料炒勻,讓材料均勻地裹上色澤,再加入毛豆仁和辣椒翻炒,最後加鹽、胡椒調味即可。

替代
雞胸肉可以改成去骨的雞腿肉。毛豆仁先燙熟後加入翻炒,可節省時間,亦可避免雞肉炒得過老。

香菇燒雞

[材料]

去骨雞腿 ……………………2隻
太白粉 ………………………1大匙
洋蔥 …………………………1/4個
黑香菇 ………………………6～8朵
黑木耳 ………………………3朵
剝皮辣椒 ……………………5片
太白粉 ………………………1/2大匙
水 ……………………………1大匙
沙拉油 ………………………5大匙
(A)
淡色醬油 ……………………6大匙
甜麵醬 ………………………1大匙
水 ……………………………150c.c.
米酒 …………………………1大匙

[做法]

1 雞肉切塊(圖1),表面抹上太白粉。洋蔥切片、黑香菇泡水變軟後切半、黑木耳切大片備用。

2 鍋中倒入沙拉油熱鍋,先炒香洋蔥和黑香菇,再將雞肉放入炒至半熟,接著放入木耳與剝皮辣椒翻炒。

3 將(A)料拌勻倒入炒鍋中,此時將火轉小讓湯汁慢煮至沸騰,最後調入太白粉水做勾芡即可起鍋。

淡色醬油
使用淡色醬油調味的菜色不至於顏色過深,口感也較為甘甜,當然也可以使用一般的醬油來製作。

1

下飯ㄟ菜

左宗棠雞

[材料]

雞胸肉 ……………………180公克
蛋白 …………………………1個
太白粉 ………………………1大匙
鹽、白胡椒粉 …………………適量
沙拉油 ………………………4大匙

(A)
紅辣椒 ………………………2支
青蔥 …………………………1支
嫩薑 ………………………1/2支

(B)
細砂糖 ……………………1/2大匙
白醋 ………………………1/2大匙
番茄醬 ……………………1/2大匙
醬油 ………………………1/2大匙
米酒 …………………………1茶匙
麻油 ………………………1/4茶匙
水 …………………………3～4大匙
太白粉 ………………………1茶匙

[做法]

1 雞胸肉切塊抹上蛋白、鹽和胡椒，瀝掉多餘的蛋清之後撒上太白粉，鍋中倒入沙拉油熱鍋，放入雞肉略為煎炒至表面呈現淡淡的焦黃色，撈起備用。

2 將(A)料混合，辣椒切大段、蔥切中段、薑切丁備用。

3 原油鍋中放入辣椒段、蔥段和薑丁爆香，再放入雞肉塊混合翻炒(圖1)，最後倒入(A)料拌炒均勻，讓材料均勻的覆上醬料後即可起鍋。

肉質更有彈性

在雞肉表面抹上蛋白煎炒後，可避免肉質變硬，冷掉時也相當有彈性喔。

替代

雞胸肉也可以用雞腿肉替代。

[醋燒雞]

[醬爆雞心]

醬爆雞心　醋燒雞

[材料]

雞心	100～120公克
四季豆	50公克
鮮雞晶	1茶匙
大蒜末	1/2大匙
豆豉	1/2大匙
沙拉油	3大匙

(A)

海鮮醬	1/2大匙
辣椒醬	1/4大匙
米酒	1大匙
水	2大匙
黑醋	1茶匙
細砂糖	1/2茶匙

[做法]

1 雞心洗淨後切1/4瓣，撒上鮮雞晶拌勻(圖1)，放入滾水中燙至八分熟後撈起。四季豆切丁，(A)料拌勻備用。

2 鍋中倒入沙拉油熱鍋，放入大蒜末炒香，放入雞心、四季豆和(A)料翻炒，最後放入豆豉快速翻炒後即可起鍋。

[材料]

雞腿肉	2隻
蛋白	1個
太白粉	2大匙
炸油	半鍋
太白粉	1茶匙
水	3大匙

(A)

青蔥	2支
老薑	1支
大蒜	6粒
黑醋	4大匙
醬油	1 1/2大匙
麻油	1茶匙

[做法]

1 雞腿肉去骨，先縱切一刀再橫切成塊放置在碗中，打入1個蛋白，用手將雞肉與蛋白混合均勻，醃15分鐘之後，將多餘的蛋白汁瀝除，抹上太白粉備用。

2 將雞肉放入中溫的油鍋中，炸至表面酥黃，中途必須不停的翻動，炸好後撈起瀝乾。青蔥切段，薑切片備用。

3 另起油鍋，鍋中倒入沙拉油2大匙熱鍋，放入蔥段、薑片和整粒大蒜爆香，倒入黑醋、醬油和麻油，以大火讓湯汁沸騰，倒入太白粉水勾薄芡，並將炸過的雞肉放入快速翻炒，讓湯汁均勻覆蓋在肉塊上面即可起鍋盛入盤中。

炸雞肉塊
油炸雞肉塊的時候務必以中火的油溫慢慢的炸，而且可以炸得酥黃一些，因為起鍋後的調理時間很短暫，所以不需擔心雞肉處理得過老。喜歡重口味的人可以將醬油改成梅林辣醬油。

雞心
雞心不需要煮得過久，以免水份流失造成肉質過老而失去了嚼勁。

[辣味雞胗]

[椰汁辣雞]

椰汁辣雞　辣味雞胗

[材料]

去骨雞腿肉	1隻
番薯粉	2大匙
炸油	半鍋
大蒜	3粒
嫩薑	1支
蝦皮	1茶匙
辣椒粉	1/4茶匙
辣油	1/8茶匙
椰漿	100c.c.
鹽	適量

[做法]

1. 雞腿肉除去外皮，切大丁塊，均勻的抹上番薯粉，放入低溫的油鍋中炸至表面呈現淡淡的焦黃色，起鍋瀝乾油份備用。

2. 大蒜切丁，薑切片；另起1個油鍋，倒入沙拉油3大匙熱鍋，放入大蒜、薑片和蝦皮炒香，接著放入雞肉、辣椒粉和辣油翻炒，再加入椰漿，開大火煮至沸騰，最後加鹽調味即可。

[材料]

雞胗	100公克
大蒜丁	2大匙
紅辣椒丁	2大匙
醬油膏	1/2大匙
水	1/2大匙
青蔥丁	1大匙
辣椒粉	1/4茶匙
黑胡椒粉	1/4茶匙
鹽	適量
沙拉油	3大匙

[做法]

1. 雞胗切片，鍋中倒入沙拉油熱鍋，放入大蒜、辣椒爆香，接著放入切片的雞胗翻炒，再加入醬油膏和水拌炒均勻。

2. 起鍋前撒入青蔥丁和辣椒粉快速翻炒後，再酌量加黑胡椒粉和鹽調味後即可。

蝦皮

料理中所使用的蝦皮最好是體型扁小的，而非蝦殼。

雞胗

雞胗不可燙得過老，以免口感硬梆梆的。平常沒吃完的滷雞胗也可以利用同樣的料理法重新烹煮，成為名符其實的回鍋雞胗，越吃越有味喔。

不用醬油膏也可以用蠔油醬來代替，更香更替代味。

辨別油溫的方法

最簡單的辨別方法為，低溫：油的表面沒有變化，但是手掌置於油面上方會感覺溫暖；中溫：將竹筷放入油中，油泡沿著竹筷迅速冒出許多氣泡；高溫：將手掌置於油的上方約5公分處，5秒後覺得燙手。

炸油

炸油最好選擇即使高溫也不易變質的油品，如動物油或是強調適合油炸食物的特製植物油。炸油別倒太滿，只要能覆蓋炸物即可。

下飯ㄟ菜

香芋雞塊

[材料]

去骨雞腿肉 ……………………………1隻
芋頭 ……………………………150公克
太白粉 ……………………………1大匙
嫩薑 ……………………………1支
紅蔥頭 ……………………………3〜4粒
牛奶 ……………………………200c.c.
鹽、白胡椒粉 ……………………適量
炸油 ……………………………半鍋

[做法]

1 雞腿肉除去外皮，切中丁塊，
芋頭切小丁塊。雞腿肉與芋頭
都抹上適量的太白粉。先將芋頭放
入中溫的油鍋中炸過，待芋頭的邊
緣有點焦黃的時候撈起瀝乾油份，
再將雞肉放入炸至表面呈現淡淡的
焦黃色，撈起瀝乾油份。

2 嫩薑切片，紅蔥頭切片，另起
油鍋倒入沙拉油2大匙熱鍋，
放入薑片和紅蔥頭爆香，接著放入
炸過的芋頭、雞肉翻炒，倒入牛奶
轉小火煮至沸騰。

3 起鍋前加入鹽和胡椒調味，表
面可以巴西里裝飾，讓菜餚更
添美感。

牛奶
牛奶很容易沸騰，所以必須特別注
意避免湯汁收乾了。芋頭和牛奶的
組合相當完美，這道料理非常適合
不吃辣的人食用。

下飯ㄟ菜

辣筍鵝肉

[材料]

茶鵝肉片	300公克
劍筍	100公克
嫩薑	1支
鹽、黑胡椒粉	適量
沙拉油	3大匙

(A)

辣豆瓣醬	1大匙
辣椒醬	1/2大匙
白醋	1/2茶匙
醬油	1/2茶匙

[做法]

1 鵝肉去骨去皮,將肉撕成條狀(圖1),薑切絲,劍筍放入滾水中燙熟後撈起瀝乾,並切成小段,將(A)料攪拌均勻備用。

2 鍋中倒入沙拉油熱鍋,放入薑絲爆香,接著放入劍筍翻炒,再倒入(A)料炒勻,最後加入鵝肉翻炒均勻,起鍋前加入鹽和胡椒調味即可。

調理食品

這道料理的鵝肉可使用超市販售的調理鵝肉片,也就是可以立即食用的調理食品,因為市面上購買的調理鵝肉並不方便,而且一次要購買一整隻,對人口少的家庭而言非常不方便。

替代

茶鵝肉片也可以使用市售烤鵝或煙燻鵝片替代,讓味覺有不同的嘗試。

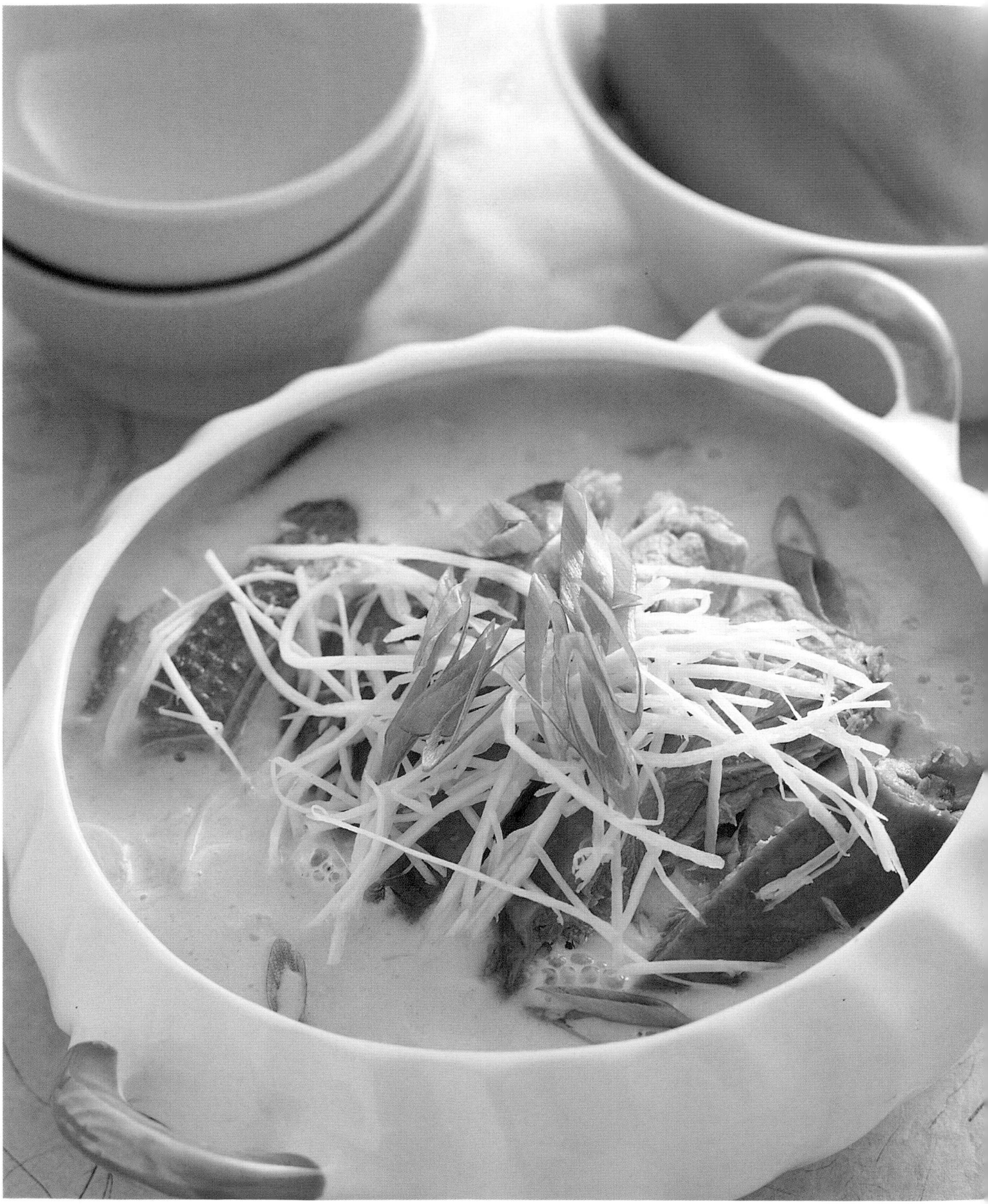

芋奶鴨

[材料]

芋頭 ……………………120公克
煙燻鴨肉片 …………………200公克
嫩薑 ………………………1支
米酒 ……………………1大匙
牛奶 ……………………250c.c.
水 ………………………100c.c.
鮮奶油 …………………50c.c.
青蔥 ………………………1支
大蒜 ………………………3粒
沙拉油 …………………2大匙
鹽、白胡椒粉 ……………適量

[做法]

1 芋頭切小丁，放入電鍋中蒸約30分鐘，取出搗成粗泥備用。

2 鴨肉淋上米酒，薑切絲鋪在鴨肉上（圖1），放入電鍋中蒸約5分鐘。

3 青蔥切斜絲，大蒜切片，鍋中倒入沙拉油熱鍋，放入大蒜和青蔥略炒，倒入牛奶、水和鮮奶油，轉小火讓湯汁煮至沸騰，放入芋頭泥拌勻，並加入鹽和白胡椒粉調味。

4 將煲鍋放在瓦斯爐上加熱，待煲鍋熱了之後熄火，把炒好的醬料倒入煲鍋中，並將蒸過的鴨肉排在上面，表面以薑絲和青蒜絲裝飾即可。

芋頭
芋頭不需要全部搗成爛泥，最好是保留一部份整塊的芋頭，品嘗的時候才有紮實感，喜歡芋頭的人可以再酌量增加芋頭的份量。

盒裝鴨肉片
選購超市販售的盒裝煙燻鴨肉片，既方便又省時，同時不必擔心因為購買了一整隻而不知道要吃到什麼時候。

Livestock

豬肉的料理方式非常廣泛，
尤其中國人相當擅長
將豬裡裡外外的每一吋肉都入菜，
而其美味與否的定義就全在個人。
在此單元裡也設計了幾道豬內臟的料理，
第一次處理內臟的人可能會感到害怕，
但是如果想像它下肚之後的美味，
也許那種不自在的感覺就會消除不少。
而牛肉和羊肉也是非常美味的肉類，
雖然價格貴了一些，
但是偶爾為家人打打牙祭，
的確是不錯的選擇！

豬牛家畜類

下飯ㄟ菜

紅燒獅子頭

[材料]

牛絞肉	150公克
豬絞肉	150公克
荸薺	5~6個
白菜	1/3顆
水	300c.c.
太白粉	1/2大匙
清水	1/2大匙
炸油	半鍋

（A）

太白粉	1大匙
蒜泥	1茶匙
醬油	1 1/2大匙
米酒	1大匙
鹽	適量

（B）

豆瓣醬	2大匙
醬油	1大匙
黑醋	1/2大匙
柴魚粉	1/4茶匙
細砂糖	1茶匙

[做法]

1 牛絞肉使用100%瘦肉，豬絞肉使用50%瘦肉、50%肥肉為最佳。荸薺拍碎瀝乾水份，與絞肉混合攪拌摔打出泥(圖1)。

2 將絞肉糰與(A)料混合拌匀，分成每個約50公克，捏成球狀(圖2)，放入電鍋內蒸約15分鐘後取出。

3 蒸熟的肉丸子待涼後放入冰箱冷凍至少20~30分鐘，取出放入油鍋內以高溫的油炸成表面呈現焦黃色即可撈出瀝乾油份。

4 白菜切大片，另起1個油鍋倒入約3大匙的油熱鍋，放入(B)料的豆瓣醬略炒，再放入白菜及(B)的其他材料翻炒至白菜變軟，加入水並放入肉丸子，轉小火慢慢燜煮至沸騰，湯汁沸騰後即關火，蓋上鍋蓋燜至少30分鐘。

5 取出白菜鋪在盤底，肉丸子放在白菜上，湯汁加熱以太白粉水勾薄芡，淋在肉丸子上即可食用。

成功的方法

製作好吃的獅子頭並不容易，因為過程有點繁雜，所以在製作之前建議你仔細牢記所有的步驟，這樣操作起來才會更順手，也不至於手忙腳亂了。

摔打出泥

將絞肉糰放置在桌上或鋼盆中，反覆搓揉摔打，直到肉色變淡且肉質具彈性紮實即可，這樣的獅子頭咬起來才有嚼勁。

鮮美高湯

燜煮肉丸子的湯頭可以利用水、昆布和蘿蔔熬煮，再以調味料調味就是鮮美的高湯了。如果沒有時間熬煮，不妨利用市面上現成的罐頭高湯、高湯塊、鮮雞精或紫菜高湯直接煮，不需要再加任何調味料，價格便宜且非常方便喔。

柴魚粉

柴魚粉是類似味精的調味料，屬於天然加工食物，目前百貨超市、南北雜貨店均有售，平常炒菜的時候可以利用柴魚粉來代替味精。

多做幾個

平常忙於工作無法經常下廚的你，可以一次多做一些獅子頭放在冷凍庫，食用前取出炸酥，再依照食譜步驟製作即可。

東坡肉

[材料]

五花肉 ………………………300公克
紹興酒 ………………………300c.c.
嫩薑 …………………………1支
青蔥 …………………………2支
鹽 ……………………………少許
冰糖 …………………………1大匙
白芝麻 ………………………1茶匙
香菜 …………………………少許
沙拉油 ………………………3大匙
麻繩（或粗棉線）……………1捆

（A）

淡色醬油 ……………………100c.c.
甜麵醬 ………………………3大匙
芝麻醬 ………………………1大匙
八角 …………………………1粒
甘草 …………………………1錢
伏苓 …………………………5錢
水 ……………………………600c.c.

[做法]

1 將五花肉放入滾水中燙除血水，不需燙至全熟即可撈起，放入冰水中仔細洗乾淨，切成正方塊備用。

2 薑切薄片、蔥切長段。將五花肉均勻的抹上薄薄的一層鹽，捆上麻繩後（圖1），兩面鋪上薑片和蔥段，放入電鍋中蒸1個小時，取出待涼。

3 將完全涼透的五花肉放入有蓋的器皿內，再倒入紹興酒泡醃至少24個小時（圖2）。

4 鍋內倒入沙拉油熱鍋，放入冰糖以最小火炒至融化，待顏色出現焦糖色時，倒入(A)料攪拌均勻，放入泡過酒的五花肉，以最小火慢煮約60分鐘熄火，再燜約30分鐘。

5 將五花肉取出，表面淋上適量的煮汁，並撒上白芝麻和香菜即可。

麻繩

麻繩可至五金行購買，也可選擇綁肉粽的棉線。捆綁時一定要綁牢固，薑與蔥才不會滑落。

創意東坡肉

此道料理是改良式的東坡肉，也許過程有點複雜和費工，但是為了品嚐入口即化的一剎那，所有的等待都是值得的。如果要增加五花肉的份量，則燉的時間也要相對的增加，直到肉質燉至熟爛為止。

梅干扣肉

[材料]

五花肉 …………………300～400公克
梅干菜 ……80～100公克 (約1把)
青蔥 ……………………………2支
嫩薑 ……………………………4片
紫蘇梅 …………………………3顆
醬油 ……………………………100c.c.
水 ………………………………800c.c.
冰糖 ……………………………1大匙
蠔油醬 …………………………1 1/2大匙
炸油 ……………………………半鍋

[做法]

1 整塊五花肉放入滾水中燙除血水，不需燙至全熟即可撈起，放在冰水中仔細洗淨，梅干菜洗淨擰乾水份切段備用，青蔥切段。

2 醬油倒入平底皿，將五花肉的皮朝下 (圖1)，醃30分鐘，取出放入高溫的油鍋中炸約1分鐘後撈起，待涼後切薄片。

3 另起油鍋，倒入3大匙的沙拉油熱鍋，放入切段的蔥和薑片爆香，接著放入梅干菜翻炒，再倒入水、冰糖、醃梅花肉的醬油、蠔油醬和紫蘇梅，燜煮5分鐘。

4 五花肉的皮朝下放置在盤中，淋上煮好的梅干菜醬料，用大火蒸約60分鐘，蒸好的肉倒扣在另一個盤中即可。

紫蘇梅
加入紫蘇梅可以中和醬油的鹹味，讓口感甘甜甘甜，除了紫蘇梅之外也可以放乾的洛神花。

建議
如果要吃好幾餐，建議你在烹飪時將醬油和蠔油醬留至最後10分鐘再放入，因為隔餐回鍋加熱將使得肉質變硬，而且湯汁顏色會更深。

37

花生豬腳

[材料]

豬腳 ……………300～350公克
老薑 ………………………1支
青蒜 ………………………2支
可樂 …………………375c.c.
醬油 …………………150c.c.
水 ………………1,000c.c.
生花生 ……………………1/2杯
沙拉油 ……………………6大匙

[做法]

1 用菜刀將豬腳的表皮刮除乾淨，並將雜毛拔除，放入滾水中燙除血水，再取出沖洗乾淨。薑切片、蒜切段備用。

2 鍋中倒入沙拉油熱鍋，放入薑片和青蒜爆香，接著放入豬腳炒至表面呈現淡淡的焦黃色，再將所有材料移入深鍋中，倒入可樂、醬油和水，蓋上鍋蓋以小火慢煮80分鐘，最後放入花生再煮10分鐘即可關火。

3 關火後繼續蓋著鍋蓋，續燜20分鐘，此時亦可加入煮熟的滷蛋。

花生
生花生是指未經調味、油炸、鹹炒或是水煮的花生，這樣的花生還不能食用，必須先經過處理。而生花生保留至最後才放入是為了保持花生脆脆的口感，

可樂
可樂的用意是在於中和鹹味並讓肉質柔軟。

Delight to Eat More • Livestock

蒜爆鹹豬肉

[材料]

客家鹹豬肉 ……………150公克
青蒜 …………………………2支
洋蔥 ……………………1/4個
沙拉油 …………………3大匙

[做法]

1 豬肉切薄片，青蒜切斜段，洋蔥切絲備用。

2 鍋中倒入沙拉油熱鍋，放入青蒜和洋蔥翻炒，待洋蔥炒至顏色變透明時，放入豬肉繼續翻炒至材料熟透即可起鍋。

客家鹹豬肉可至傳統市場或南北雜貨店購買。豬肉片不要炒太久，以免肉質的水份被吸乾，樣子就變得乾乾扁扁的。

替代豬肉片也可選擇鴨賞來替代，但鴨賞最好事先蒸過可以降低一些鹹度，且蒸過的鴨賞不需炒太久，如此可保持嚼勁。

[蒼蠅頭]

[粉蒸肉]

粉蒸肉

[材料]

小排骨 ·····················5～6片
蒸肉粉 ························1包
南瓜 ··························1個
（A）
醬油 ························1大匙
豆瓣醬 ······················1大匙
米酒 ······················1/2大匙
麻油 ······················1/4茶匙
大蒜 ························2粒

[做法]

1 大蒜切丁，（A）料混合拌勻，將小排骨放入（A）料中醃1個小時(圖1)。

2 醃好的肉片表面撒上蒸肉粉(圖2)，南瓜去皮切滾刀片鋪在盤底，小排骨置於南瓜上面，放入蒸鍋中以大火蒸約15～20分鐘，即可取出食用。

蒼蠅頭

[材料]

豬絞肉 ·····················150公克
韭菜花 ·············1把(約70～80公克)
豆豉 ························1大匙
青蔥 ························2支
紅辣椒 ······················2支
醬油 ························1大匙
米酒 ······················1/2大匙
鹽、白胡椒粉 ··················適量
沙拉油 ······················3大匙

[做法]

1 韭菜花、青蔥和辣椒切丁備用。

2 鍋中倒入沙拉油熱鍋，放入豬肉炒至六～七分熟，接著放入韭菜花、豆豉、辣椒、醬油和米酒翻炒，再放入青蔥丁快速翻炒，最後加入適量的鹽和胡椒調味即可。

蒸肉粉

一般超市、雜貨店都可以買到蒸肉粉，它分為原味和辣味兩種，蒸肉粉是專門為了方便製作粉蒸肉而研發的產品，其主要材料包括了蓬萊米粉、花椒粉、八角粉、白胡椒粉等辛香材料。

替代

小排骨可以用五花肉、排骨肉、雞肉來替代，同時蔬菜還可以利用番薯、紅蘿蔔或是山藥來替代。

蔭瓜仔肉

［材料］

豬絞肉 ……………………200公克
蔭瓜仔 ………………… 1 1/2大匙
大蒜 ………………………………3粒
熟鴨蛋黃 ……………………1顆
蔥末 ……………………1/2大匙

（A）

醬油 ………………………3大匙
黑醋 ………………………1茶匙
赤砂糖(二號砂糖) …………1茶匙
麻油 ………………………1茶匙
鹽、白胡椒粉 ……………適量

［做法］

1 蔭瓜仔切丁、大蒜切末、鴨蛋黃切小丁，將絞肉、蔭瓜仔、大蒜與(A)料攪拌均勻備用(圖1)。

2 攪拌均勻的肉泥放在碗裡，撒上鴨蛋黃，放入電鍋蒸40分鐘，最後可以拿1支筷子插入肉中，如果沒有血水滲出，即代表蒸熟了。

3 將蔥末撒在蒸熟的肉泥上，蓋上電鍋蓋續燜5分鐘即可取出，表面再撒上蔥花末裝飾。

肉泥
肉泥不需攪拌出泥，以免蒸熟的肉質過於結實而失去了鬆鬆的口感。

蔭瓜仔
蔭瓜仔是一種質地較軟的花瓜，吃起來脆脆的，平常多搭配稀飯食用。

下飯ㄟ菜

糖醋排骨

[材料]

小排骨 ……200公克(約8～10塊)
筍片 …………………………60公克
太白粉 ………………………1大匙
炸油 …………………………半鍋
鹽 ……………………………適量
太白粉 ………………………1茶匙
水 ……………………………3大匙

(A)

番茄醬 ………………………2大匙
白醋 …………………………2大匙
細砂糖 ……………………1/2大匙

[做法]

1 小排骨放入滾水中燙除血水後撈起瀝乾，表面抹上太白粉，(A)料混合攪拌均勻備用。

2 小排骨放入中溫的油鍋中炸至表面呈現焦黃的色澤，撈起瀝乾油份，另起1個油鍋放入筍片拌炒，再放入小排骨和調勻的(A)料翻炒均勻。

3 最後加入適量的鹽調味，並調太白粉水勾薄芡，表面可用巴西里裝飾。

建議

排骨炸過之後口感酥酥脆脆的，特別好吃。如果你覺得起兩個鍋麻煩，也可以將排骨用煎的方式製作，煎至焦黃時起鍋置一旁，原油鍋先放入筍片炒過後再放入排骨。

番茄醬的份量，可依個人口味做調整，喜歡重口味就再加些；一般糖醋排骨多選擇青椒、洋蔥搭配，這裡改以筍片讓菜餚清爽一些。

變化

各式排骨調味料差別

糖醋排骨的調味料包括了番茄醬和白醋，無錫排骨主要的調味料為番茄醬，至於京都排骨的調味料除了番茄醬之外，還加了辣醬油，這就是三種排骨的差別。

下飯ㄟ菜

豉汁排骨

[材料]

小排骨 ………250公克 (約5～6塊)
花椒粉 …………………………1茶匙
鹽、白胡椒粉 …………………適量
太白粉 …………………………1大匙
豆豉 ……………………………1大匙
米酒 ……………………………3大匙
淡色醬油 ………………………1大匙
炸油 ……………………………半鍋

[做法]

1 小排骨放入滾水中燙除血水後撈起瀝乾，表面均勻的抹上花椒粉 (圖1)、鹽和胡椒，醃30分鐘使之入味。

2 醃好的小排骨表面抹上薄薄的太白粉，放入中溫的油鍋中炸至表面酥黃，撈起瀝乾油份備用。

3 鍋中倒入沙拉油2大匙，放入豆豉略炒，再放入米酒和醬油，接著放入炸過的小排骨快速翻炒後，起鍋盛入盤中，表面撒上紅辣椒絲裝飾即可。

變化

豉汁排骨也可以用清蒸的方式製作，排骨不經過油炸，而是與所有材料混合後蒸熟，這種方式可以減少卡路里的攝取量，你不妨也試試看。

無錫排骨

[材料]

小排骨 ……… 200公克 (約7〜8塊)
醬油 ………………………… 1大匙
青蔥 …………………………… 2支
嫩薑 …………………………… 1支
大蒜 …………………………… 3粒
紅辣椒 ………………………… 3支
炸油 ………………………… 半鍋
鹽、黑胡椒粉 ………………… 適量
(A)
番茄醬 ………………………… 3大匙
醬油 …………………………… 2大匙
米酒 …………………………… 1大匙
細砂糖 ………………………… 1大匙
水 …………………………… 800c.c.

[做法]

1 小排骨先放入滾水中燙除血水後撈起，用大量清水仔細沖洗乾淨，淋上醬油醃30分鐘。

2 蔥切段、薑切片、辣椒切小段，大蒜保留整粒的狀態備用，將(A)料混合拌勻。

3 醃過的排骨放入高溫的油鍋中炸至表皮酥脆即起鍋，另起1個油鍋，倒入沙拉油3大匙熱鍋，放入蔥、薑、蒜和辣椒爆香，再放入炸過的小排骨略為翻炒。

4 將(A)料倒入炒鍋中，以大火煮至沸騰後轉小火慢煮25〜35分鐘，待湯汁即將收乾前酌量加入鹽和胡椒後即可關火。

建議

番茄糊

番茄醬可改以番茄糊替代，因為番茄糊的稠度更高，所以事先必須先以少量的清水攪拌均勻再下鍋。這道料理不論是拌麵或是拌飯都非常好吃，只要再燙一盤青菜就是色香味俱全的下飯菜了。

口感較鹹者可酌量再加些醬油；如果想鹹中帶點甘甜可再加少許糖也不錯喔。

瓠瓜肉末

[材料]

豬絞肉 ……………………80公克
瓠瓜 ………………………半個
醬油 ………………………1大匙
大蒜 ………………………2粒
蝦米 ………………………1大匙
鹽、白胡椒粉 ……………適量
沙拉油 ……………………2大匙

[做法]

1. 瓠瓜刨絲，大蒜切丁，蝦米泡水後切碎，絞肉拌入醬油攪拌均勻備用。

2. 鍋中倒入沙拉油熱鍋，放入大蒜和蝦米爆香，接著放入絞肉炒約八分熟，再放入瓠瓜絲翻炒，可視情況酌量加入約2大匙的清水，讓瓠瓜燜煮約1分鐘。

3. 待瓠瓜熟軟後加入鹽和胡椒調味即可起鍋。

蝦米蝦米又稱開陽、金勾蝦、金勾蝦米，是屬於體型圓胖型的品種，瓠瓜與蝦米的味道非常的速配，如果少了蝦米，這道味會使得美味減半喔。

雪菜肉絲

[材料]

豬肉絲 ……………………50～60公克
雪裡紅 ……………1把(約100公克)
紅辣椒 ……………………………2支
大蒜 ………………………………2粒
醬油 ………………………………1/2大匙
鹽 …………………………………適量
沙拉油 ……………………………3大匙

[做法]

1 雪裡紅洗淨擰乾水份後切丁(圖1),辣椒切丁,大蒜切丁備用。

2 鍋中倒入沙拉油熱鍋,放入大蒜和辣椒爆香,接著放入豬肉絲翻炒,再放入雪裡紅拌炒,最後加入醬油和鹽調味即可起鍋。

變化

這是一道非常容易的料理,重點是必須炒得辣辣的才夠下飯,平時煮湯麵的時候也可適量加入,再打個蛋花淋在上面即成了好吃的雪菜蛋肉麵。

五更腸旺

[材料]

大腸	100公克
麵粉	1大匙
白醋	1大匙
鴨血	100公克
酸菜	2片
紅辣椒	1支
辣椒醬	1大匙
水	200c.c.
鹽	適量
太白粉	1/2大匙
水	1/2大匙
蔥段	1大匙
沙拉油	2大匙

[做法]

1 大腸翻面先以麵粉搓揉，用水沖刷之後再用白醋搓揉，最後再用大量活水洗淨，放入滾水中煮熟，撈起切斜段備用。

2 鴨血切薄塊，酸菜切片，辣椒切小段備用。

3 鍋中倒入沙拉油熱鍋，放入辣椒醬略炒，再放入清洗乾淨的大腸翻炒均勻，倒入水煮至沸騰，並加入鹽調味，待湯汁快收乾之前，倒入太白粉水勾芡，表面撒上蔥段略炒即可起鍋。

清洗大腸

大腸以麵粉搓揉可以保持脆脆的口感，不至於讓肉質過老；用白醋搓揉可去除腥味。而傳統市場有販售已經處理好的大腸，雖然價格是生大腸的一倍，但是對忙碌的現代人而言卻是非常的方便。

替代

使用鴨血或豬血皆可，完全視個人習慣，還可以再加入適量的黑木耳一起烹調；辣椒醬也可以用辣豆瓣醬替代。

薑絲大腸

[材料]

大腸	120公克
麵粉	1大匙
白醋	1大匙
白豆醬	1大匙
薑絲	30公克
大蒜	3瓣
醋精	1茶匙
太白粉	1茶匙
水	1 1/2大匙
香油	4大匙
（A）	
小蘇打粉	1/4茶匙
水	500c.c.

[做法]

1 將大腸翻面,抹上麵粉仔細搓揉,將大腸內部的薄膜撕除,以大量水沖洗,再淋上白醋仔細搓洗,最後用大量活水沖洗乾淨。

2 大腸浸泡於(A)料中約1個小時,取出大腸用水沖洗,再泡入乾淨的水中反覆搓揉至小蘇打的味道完全去除。

3 處理完成的大腸翻回正面切小段。燒一鍋滾水,放入大腸略燙過後即撈起瀝乾備用。

4 大蒜切小丁,鍋內倒入香油熱鍋,先放入白豆醬炒勻,接著放入大腸翻炒,再加入大蒜、薑絲和醋精調味,最後以太白粉水勾薄芡即可起鍋。

醋精

醋精的酸度是一般白醋的10倍,所以用量要比一般的白醋還要少,一般市面上常見的品牌為「香山醋精」,可至大型超市購買。如果手邊沒有醋精,可以增加3大匙的白醋代替。

白豆醬

白豆醬又稱米豆醬,顏色較豆瓣醬略淡,它是一種糯米和黃豆混合發酵的食品,適合用來當作蒸魚、炒菜的調味佐料,醋精和白豆醬在南北貨店均有售。

[苦瓜燜肥腸]

[大溪小炒]

大溪小炒

[材料]

大溪黑豆乾 ······················3塊
筍乾 ························50公克
豬前腿肉 ····················50公克
蔥花 ··························1大匙
沙拉油 ·························2大匙

（A）

豆腐乳 ·························1/2塊
豆瓣醬 ························1/2大匙
水 ····························6大匙

[做法]

1 豆乾切大丁塊，筍乾切段，豬肉切薄片備用（圖1）。

2 將(A)料調勻備用，鍋中倒入沙拉油熱鍋，放入豬肉片略炒，接著放入豆乾和筍乾翻炒，再倒入(A)料拌炒均勻。

3 起鍋前放入蔥花快速的翻炒後即可起鍋。

苦瓜燜肥腸

[材料]

大腸頭 ···················80～120公克
麵粉 ··························1大匙
白醋 ··························1大匙
苦瓜 ···························1條
青蔥 ···························1支
嫩薑 ···························1支
米酒 ··························1大匙
炸油 ··························半鍋

（A）

大蒜 ···························3粒
青蔥 ···························2支
紅辣椒 ··························1支
豆豉 ·························1/2大匙
醬油 ·························1/2大匙
細砂糖 ·························1茶匙
黑醋 ···························1茶匙
麻油 ···························1茶匙
水 ··························3～4大匙

[做法]

1 大腸頭內部以麵粉搓揉，用水沖洗後，再用白醋仔細的搓揉，並用大量的活水沖乾淨，薑切片、青蔥切中段，燒一鍋開水放入薑片、米酒和蔥段，放入大腸頭煮至熟，約15分鐘，起鍋切片備用。

2 苦瓜縱向剖開，將籽和薄膜刮除，切片備用。

3 將苦瓜和大腸頭放入中溫的油鍋中炸約3分鐘，中途必須不停的翻動，炸好後撈起瀝乾油份備

用(圖1)。將(A)的大蒜切片、青蔥切中段、辣椒切丁備用。

4 另起油鍋，倒入沙拉油3大匙，放入大蒜、蔥和辣椒，慢慢炒至大蒜呈焦黃色，放入苦瓜片和大腸頭翻炒，接著倒入豆豉、醬油、糖和水拌炒均勻，蓋上鍋蓋轉大火稍微燜一下，讓湯收汁，接著加入黑醋和麻油翻炒均勻即可。

大溪黑豆乾在使用前先放入滾水中燙過，待涼後放入塑膠袋並冷藏保存，可以多放置1～2天而不致於太快發酸。

苦瓜不需切得太薄，應該保留適當的厚度，這樣才能保持咬勁。大腸的熟爛程度可隨個人喜好而調整，喜歡QQ口感的人就不需將大腸煮得太久。

[八寶辣醬]

[臘肉炒年糕]

臘肉炒年糕

[材料]

臘肉 ······················80公克
青蒜 ·························3支
洋蔥 ·······················1/2個
寧波年糕 ··················180公克
米酒 ·······················1大匙
沙拉油 ·····················3大匙

[做法]

1 臘肉整塊放入電鍋中蒸約20分鐘，取出切薄片備用(圖1)。

2 青蒜切斜段，洋蔥切絲，鍋中倒入沙拉油熱鍋，放入青蒜、洋蔥翻炒，再放入年糕，最後放入臘肉快炒一下，倒入米酒，待收汁後即可起鍋。

1

八寶辣醬

[材料]

豆乾 ·······················6塊
豬前腿肉 ··················150公克
豬心 ·······················100公克
豬肚 ·······················100公克
筍丁 ·························60公克
蝦米 ·······················1/2大匙
毛豆 ·························1/2杯
青蔥 ·························2支
麵粉 ·························1大匙
白醋 ·························1大匙
沙拉油 ·····················5大匙
（A）
辣豆瓣醬 ··················2大匙
醬油 ·······················1/2大匙
紅腐乳 ·····················1茶匙
細砂糖 ·····················1茶匙
水 ·······················5～6大匙
鹽、黑胡椒粉 ···············適量

[做法]

1 將豬肚翻面用麵粉仔細搓洗，用水反覆沖洗過後，再以白醋將豬肚仔細搓洗，最後用大量活水沖洗乾淨，切丁備用。

2 豆乾、豬心、豬肚、筍丁和毛豆先以滾水燙熟後撈起瀝乾，蔥、豆乾切丁，豬心、豬前腿肉切丁備用，將(A)料調和均勻備用。

3 鍋中倒入沙拉油熱鍋，依序放入豆乾、豬前腿肉、豬心、豬肚、筍丁炒勻，接著放入(A)料炒勻，再放入蝦米、毛豆、蔥丁炒勻，最後斟酌鹹度加入適量的鹽和胡椒調味即可起鍋。

依序放入材料

烹調八寶辣醬時，務必將材料依序放入炒鍋中翻炒，如此才不會將材料炒過頭或是產生炒得不夠的狀況。

替代

喜歡重口味的人可以再酌量加入辣油或是墨西哥辣椒醬(Tabasco)。不敢吃豬心或豬肚的人，可以用雞丁來替代。

紅腐乳

紅腐乳又稱南乳，因為醃漬的過程加了紅糟，所以呈現紅色的狀態，通常拿來增加色澤，例如製作又燒肉的時候，都會加入適量的紅腐乳。

臘肉

臘肉本身非常的鹹，事先蒸過可以讓肉質柔軟並降低鹹度。

寧波年糕

寧波年糕可至超市購買，通常是已切薄片了，用密封袋包裝，1包約50～60元左右。

下飯ㄟ菜

黑胡椒牛柳

Delight to Eat More • Livestock

辣味
喜歡重口味的人可以再酌量加入辣椒粉，可提高辣的程度。

[材料]
牛肉條 ‥‥‥‥‥‥‥‥‥‥‥150公克
太白粉 ‥‥‥‥‥‥‥‥‥‥‥1大匙
洋蔥 ‥‥‥‥‥‥‥‥‥‥‥‥1/4個
鹽、粗粒黑胡椒粉 ‥‥‥‥‥適量
沙拉油 ‥‥‥‥‥‥‥‥‥‥‥3大匙
（A）
黑胡椒醬 ‥‥‥‥‥‥‥‥‥‥1大匙
甜辣醬 ‥‥‥‥‥‥‥‥‥‥‥1/2大匙
黑醋 ‥‥‥‥‥‥‥‥‥‥‥‥1茶匙
米酒 ‥‥‥‥‥‥‥‥‥‥‥‥1茶匙

[做法]

1 牛肉條抹上太白粉，洋蔥切絲，(A)料混合均勻備用。

2 鍋中倒入沙拉油熱鍋，將洋蔥炒至顏色呈現淡淡的焦黃色，放入牛肉條，再放入(A)料拌炒。起鍋前加入適量的鹽和粗粒黑胡椒粉調味即可。

下飯ㄟ菜

越南牛肉冬粉

[材料]

牛肉片	…………200～250公克
冬粉	…………………………1把
綠豆銀芽	…………40～60公克
花生粉	…………………2茶匙
鹽	……………………適量
沙拉油	…………………2大匙
（A）	
蝦油	…………………1大匙
檸檬汁	…………………1大匙
辣油	…………………2茶匙
麻油	…………………2茶匙
白醋	…………………1茶匙
薑丁	…………………1茶匙
辣椒粉	…………………1茶匙
水	…………………1/4杯

[做法]

1 冬粉放入滾水中燙熟後立刻撈起,放置在冰水中備用。綠豆芽摘去頭尾成銀芽。

2 將(A)料攪拌均勻,放入牛肉片略醃10分鐘備用。

3 鍋中倒入沙拉油熱鍋,放入醃好的牛肉片以大火快炒,再放入瀝乾的冬粉、銀芽快速翻炒後,加入適量的鹽拌炒即可起鍋。盛入盤中後,表面撒上花生粉即可。

銀芽
銀芽可以事先以滾燙的油澆過,這樣可以保持銀芽清脆的口感,也不至於炒得過老。

注意
材料中的花生粉是沒有甜味的原味花生粉,購買的時候請特別詢問清楚。蝦油可以在南北貨的商店購買,平常炒海鮮類或是肉類的時候酌量加入,可以增加菜餚的鮮美口感。

[泡菜牛肉]

[客家牛肚]

牛肚
牛肚務必仔細
清洗乾淨，而
且必須切薄才
好入味。

客家牛肚　泡菜牛肉

[材料]

牛肚 ……………………100公克
白醋 ……………………2大匙
酸菜 ……………………3片
嫩薑 ……………………1支
紅辣椒 …………………3支
麵粉 ……………………1大匙
白醋 ……………………1大匙
鹽 ………………………適量
沙拉油 …………………2大匙

（A）

白醋 ……………………1茶匙
水 ………………………2大匙
鮮雞晶 …………………1/4茶匙

[做法]

1 將牛肚翻面，把麵粉撒在牛肚
上仔細搓揉，用水洗過之後，
再用白醋搓洗，最後用大量活水沖
洗乾淨，放入滾水中燙熟後撈起，
切成薄片備用。

2 酸菜、薑和辣椒切絲，（A）
料拌勻備用。

3 鍋中倒入沙拉油熱鍋，放入酸
菜絲、薑絲和辣椒絲翻炒，再
放入牛肚和(A)料炒勻，起鍋前加
鹽調味即可。

[材料]

牛肉片 …………………200公克
太白粉 …………………1大匙
淡色醬油 ………………1茶匙
黑醋 ……………………1/2茶匙
四川辣味泡菜 …………100公克
沙拉油 …………………2大匙

[做法]

1 牛肉片與醬油、黑醋和太白粉
拌勻備用(圖1)。

2 鍋中倒入沙拉油熱鍋，放入牛
肉片快炒，再放入泡菜快速翻
炒後即可起鍋。

高麗泡菜
泡菜還可以使用廣式口味的
酸甜高麗泡菜，但是材料
中的黑醋就要改成白醋，
以免菜餚的顏色變得非
常的不協調。

Delight to Eat More · Livestock

67

沙茶羊肉

[材料]

火鍋羊肉片 ……………………200公克
太白粉 …………………………1大匙
青辣椒 …………………………3～4支
沙拉油 …………………………3大匙
（A）
沙茶醬 …………………………1/2大匙
泰式辣醬 ………………………1茶匙
蒜泥 ……………………………1/4茶匙
黑胡椒粉 ………………………1/4茶匙
水 ………………………………3大匙
麻油 ……………………………1/4茶匙

[做法]

1 將羊肉片表面抹上太白粉，青辣椒去籽切絲，(A)料混和均勻備用。

2 鍋中倒入沙拉油熱鍋，放入(A)料和青辣椒絲爆香，接著放入羊肉片快速翻炒，待材料炒熟後即可起鍋。

泰式辣醬口味偏甜的東南亞調味料，可至進口食品行、菲律賓食品行或泰國食品行購買。

替代羊肉片也可以使用羊的腰肉塊代替。選擇青辣椒而不選擇青椒的原因是為了增加菜餚的融合性，因為切成薄片的羊肉片如果與厚片的青椒搭配，會顯得頭重腳輕、喧賓奪主，所以我將青椒改成青辣椒，使得整道菜更顯其一致性。

Seafood

Delight to Eat More

海鮮的種類包羅萬象，
我挑選了市場上最容易取得的材料來烹調，
當然你也可以自由變換海鮮的種類，
只要照著食譜上的醬汁調配，
就可以烹煮出非常下飯的菜餚；
而且這些菜餚也很適合
在貴客臨門的時候露上一手，
保證讓人眼睛為之一亮！

海鮮類

下飯ㄟ菜

豆酥鱈魚

豆酥

整塊的豆酥買來之後切半，再用刀切成碎末，剩餘的豆酥裝入塑膠袋放入冰箱保存即可。

[材料]

鱈魚 ………1片 (約180~210公克)
嫩薑 …………………………1支
鹽、黑胡椒粉 ………………適量
蔥末 …………………………1茶匙
豆酥 …………………………3大匙
米酒 …………………………2茶匙
沙拉油 ……………………1 1/2大匙

[做法]

1 鱈魚兩面抹上鹽和黑胡椒，薑切片鋪在魚的兩面 (圖1) 醃15分鐘，薑片取出丟棄。

2 將豆酥切碎 (圖2)，鍋中倒入沙拉油熱鍋，放入豆酥和米酒炒勻後，鋪在魚身上面，撒上蔥末，放入蒸鍋以大火蒸約12~15分鐘即可。

下飯ㄟ菜

豆瓣魚

[材料]

鱸魚 ……………………………1條(中型)
檸檬 ……………………………1個
鹽、白胡椒粉 …………………適量
嫩薑絲 …………………………適量
沙拉油 …………………………2大匙

（A）
豆豉 ……………………………1/2大匙
甘樹子 …………………………1/2大匙
豆瓣醬 …………………………1/2大匙
紅辣椒 …………………………1支
蔥花 ……………………………1大匙
嫩薑丁 …………………………1大匙

[做法]

1 鱸魚兩面均勻的抹上鹽和胡椒，檸檬切片鋪在魚身的兩面（圖1），放入冰箱靜置20分鐘後取出，將檸檬片丟棄。辣椒切丁，將（A）料攪拌均勻備用。

2 鍋中倒入沙拉油熱鍋，放入（A）料快速爆炒後起鍋，淋在魚身上，放入蒸鍋中以大火蒸約15分鐘即可取出，可搭配薑絲食用。

薑和檸檬
利用薑片或是檸檬片都可以達到去除魚腥味的目的，所以這兩樣食材是所謂的廚房之寶，主婦們的冰箱應該隨時都要準備。

替代
除了鱸魚以外，還可以使用烏魚、鱈魚、石斑、白帶魚或是其他季節魚類來製作。

1

檸檬魚

[材料]

石斑魚 …………1片(約350公克)
鹽、白胡椒粉 ………………適量
月桂葉(Bay Leaves) …………2片
老薑泥 …………………………1/2大匙
香茅草(Lemon Grass) ………1支
細砂糖 …………………………1/2茶匙
花椒粉 …………………………1/4茶匙
米酒 ……………………………1大匙
沙拉油 …………………………2大匙

[做法]

1 石斑魚兩面均勻的塗抹鹽和胡椒，月桂葉撕成碎屑鋪在魚身的兩面(圖1)，放入冰箱靜置20分鐘，再將月桂葉撿出丟棄。

2 將香茅草切斜段(圖2)，鍋中倒入沙拉油熱鍋，放入老薑泥、香茅草、糖和花椒粉快速爆炒後起鍋，澆在魚身上，淋上米酒後放入蒸鍋中以大火蒸約15分鐘即可取出。

香料植物

薑

這道料理原本應該使用南薑來調理，但是考慮其不易購買的因素，所以我們使用老薑替代，並加入適量的糖和花椒粉以中和薑的辣味。

香料植物

香茅草在天母或進口食品材料行都可以買到。月桂葉可改以檸檬葉取代。

下飯ㄟ菜

醬燒海魚

[材料]

白帶魚 ……………………1條（中型）
鹽 …………………………適量
麵粉 ………………………1大匙
洋蔥 ………………………1/2個
嫩薑 ………………………1支
醬油 ………………………2大匙
細砂糖 ……………………1茶匙
水 …………………………1杯
白芝麻 ……………………1茶匙
沙拉油 ……………………4大匙

[做法]

1 白帶魚切中段，表面撒上少許的鹽和薄薄的麵粉，洋蔥切絲、嫩薑切絲備用。

2 鍋中倒入沙拉油熱鍋，放入白帶魚以小火慢煎至兩面酥黃。另起1個油鍋放入2大匙的油熱鍋，放入洋蔥和薑絲翻炒，炒至洋蔥顏色變成深褐色，再加入醬油、糖和水，讓湯汁沸騰至略為收汁。

3 將煎好的魚放入湯汁中，搖動鍋子讓湯汁均勻的覆蓋在魚的身上，再將魚剷出置於盤上，淋上湯汁並撒上白芝麻即可。

建議

這道菜餚必須保留適當程度的湯汁，這樣就可以澆一點湯汁在白飯上，配著魚肉一起食用，是一道非常下飯的家常菜喔。

清炒
酸辣海鮮

[材料]

小章魚 ······················100公克
蛤蜊 ······················60公克
蟹腳肉 ······················60公克
透抽 ······················60公克
芹菜 ······················120公克
紅辣椒 ······················3支
洋蔥 ······················1/4個
魚露 ······················1茶匙
檸檬汁 ······················2茶匙
鹽、黑胡椒粉 ··············適量
沙拉油 ······················3大匙

[做法]

1 蛤蜊浸泡清水中使之吐沙,透抽切薄片,辣椒切丁,洋蔥切絲,芹菜切中段備用。

2 鍋中倒入沙拉油熱鍋,放入洋蔥炒至透明,再依序放入辣椒、章魚、蛤蜊、蟹腳肉、透抽、芹菜、魚露,待起鍋前加入檸檬汁、鹽和胡椒翻炒均勻後即可起鍋。

蛤蜊吐沙
如果希望蛤蜊吐沙速度加快且吐得乾淨,可以在水中加一些黑胡椒粉。

下飯ㄟ菜

麻辣透抽

[材料]

透抽 ……………1隻（約250公克）

大蒜 ……………………………3粒

紅辣椒 …………………………3支

松子 ……………………………1大匙

香菜末 ………………………1/2大匙

辣油 …………………………1/4大匙

鹽、黑胡椒粉 …………………適量

沙拉油 …………………………5大匙

[做法]

1 透抽洗淨切小段，大蒜、辣椒切丁備用。

2 透抽放入八分熱的滾水中燙一下即撈起備用。

3 鍋中倒入沙拉油熱鍋，放入大蒜和辣椒爆香，接著放入透抽快速翻炒，再放入松子拌炒，起鍋前撒入香菜末、辣油、鹽和胡椒翻炒均勻即可。

松子

加入松子可以讓整道菜更有特色並且增加咬勁，你不妨試看看。

Delight to Eat More · Seafood

燒酒小卷

[材料]

迷你型的鹽漬小卷	………100公克
豆豉	…………………1大匙
大蒜	……………………5粒
嫩薑	……………………1支
紅辣椒	…………………2支
青辣椒	…………………1支
米酒	……………………1杯
細砂糖	…………………1茶匙
醬油	…………………1大匙
鹽、黑胡椒粉	………………適量
沙拉油	…………………3大匙

[做法]

1 小卷放入滾水中燙熟後撈起瀝乾（圖1），大蒜、辣椒切丁，薑切絲備用。

2 鍋中倒入沙拉油熱鍋，放入大蒜、薑和辣椒爆香，接著放入豆豉炒勻，再放入小卷以大火快速翻炒，最後倒入米酒和糖，保持大火讓酒精蒸發。

3 待酒精蒸發的差不多的時候，倒入醬油和鹽、胡椒調味後即可起鍋。

小卷

將小卷燙過是為了降低鹹味和洗淨，事實上鹽漬小卷已經是半熟的狀態了，所以買回家後只需再稍微汆燙一下即可。

1

百合咖哩蝦仁

[材料]

百合球莖 ……………………1顆

蝦仁 …………………………120公克

蛋白 …………………………1個

咖哩粉 ………………………1大匙

薑黃粉(Tumeric Powder) …1茶匙

辣椒粉 ………………………1茶匙

水 ……………………………100c.c.

鹽 ……………………………適量

沙拉油 ………………………4大匙

[做法]

1 百合小心的剝開成片(圖1)，仔細清洗乾淨。蝦仁挑去背泥，與蛋白混合醃15分鐘。

2 鍋中倒入沙拉油熱鍋，放入咖哩粉、薑黃粉和辣椒粉炒勻，接著放入百合翻炒，瀝除蝦仁多餘的蛋汁，放入炒鍋翻炒。

3 倒入水轉大火，待湯汁沸騰的時候加入適量的鹽調味即可起鍋，表面可以撒上少許巴西里做裝飾。

蝦仁

蝦仁用蛋白醃泡可讓肉質不會過老，而且能夠保持蝦仁肥嫩鮮脆的口感，如果是小朋友吃這道料理，則辣椒粉可以省略不放。

薑黃粉

可在百貨超市或是南北雜貨店購買，它是一種薑科植物，外型與我們熟悉的薑很相似，會散發類似薄荷的清涼味道。

[豆豉鮮蚵]

[蛤蜊絲瓜]

蛤蜊絲瓜　豆豉鮮蚵

蛤蜊絲瓜

[材料]

蛤蜊 …………………………150公克
絲瓜 ……………………………1/2條
嫩薑絲 …………………………30公克
麻油 ……………………………2茶匙
鹽、白胡椒粉 …………………適量
水 ………………………………半杯
沙拉油 …………………………4大匙

[做法]

1 蛤蜊放入清水中浸泡，讓蛤蜊完全吐沙，絲瓜去皮切中等條狀備用。

2 鍋中倒入沙拉油熱鍋，放入絲瓜快速翻炒，讓絲瓜均勻的覆上油份，再將蛤蜊放入翻炒，接著倒入水蓋上鍋蓋，轉大火待收汁。

3 最後放入薑絲、鹽和胡椒調味，淋上麻油拌炒均勻後即可起鍋。

豆豉鮮蚵

[材料]

鮮蚵(牡蠣) ………200～250公克
豆豉 ……………………1 1/2大匙
青蔥 ……………………………2支
鮮雞晶 ………………………1/4茶匙
麻油 …………………………1/4茶匙
鹽、白胡椒粉 …………………適量
水 ………………………………3大匙
番薯粉 …………………………1大匙
沙拉油 …………………………2大匙

[做法]

1 鮮蚵用少許鹽反覆抓洗，並用大量清水沖刷乾淨，表面撒上番薯粉，放入八分熱的滾水中燙一下立刻撈起瀝乾。並將青蔥切細末備用。

2 鍋中倒入沙拉油熱鍋，放入豆豉快炒，倒入水轉大火略為收汁，接著放入鮮蚵、鮮雞晶、麻油、鹽和胡椒翻炒均勻，起鍋後表面撒上蔥花末即可。

變化

蛤蜊絲瓜也可以改清蒸的方式來料理，這樣不但油份減少，同時也降低卡路里的攝取。

鮮蚵

為了避免將鮮蚵炒得過老而縮水，抹上番薯粉再過水的步驟千萬不可省略。

Assorted
Vegetables

Delight to Eat More

簡單的蔬菜也可以變化多端，
所以別老是爆香大蒜，
將綠葉蔬菜放入快炒後起鍋，
這樣的菜色可能會引起家中的孩子們大聲抗議。
不妨多用點不同的調味方式、配菜方式，
循著新的料理模式來進行，
讓餐桌上的蔬菜不只是單一味道而已喔！

什蔬類

下飯ㄟ菜

西芹素雞

注意
芹菜應該盡量切小
段，這樣才方便將菜
餚與飯拌合，達到下
飯的目的。

[材料]

西洋芹菜 ……………………3片
素雞 …………………………2支
大蒜 …………………………2粒
紅辣椒 ………………………1支
香菜 …………………………1把
鹽、黑胡椒粉 ………………適量
香油 …………………………1茶匙
沙拉油 ………………………3大匙

[做法]

1 芹菜洗淨削皮切小段，大蒜切丁、辣椒切丁、香菜切碎末，素雞切片備用(圖1)。

2 鍋中倒入沙拉油熱鍋，放入大蒜和辣椒爆香，接著放入芹菜和素雞翻炒，再加入適量的鹽和胡椒調味，最後淋上香油翻炒均勻後起鍋，再撒上香菜即可。

下飯ㄟ菜

魚香茄子

[材料]

茄子	2支
炸油	半鍋

（A）

嫩薑丁	1茶匙
豬絞肉	50公克
甜麵醬	2茶匙
番茄醬	2茶匙
醬油	1/2大匙
細砂糖	1/4茶匙
水	1大匙
沙拉油	適量

[做法]

1 茄子切斜片，放入低溫的油鍋中炸至肉色呈淡褐色，撈起瀝乾油份備用（圖1）。

2 鍋中倒入沙拉油熱鍋，先放入（A）料中的絞肉和薑丁爆炒，再依序放入甜麵醬、番茄醬、醬油、糖和水，待炒勻後再放入炸過的茄子翻炒均勻即可起鍋。

建議
如果不想使用絞肉也可以將肉片切成條狀，但是下鍋前務必先沾裹少許的太白粉，這樣炒好的肉才會滑嫩。

95

下飯ㄟ菜

滷白菜

[材料]

白菜 ……………………1顆
筍絲 …………………120公克
大腸 …………………90公克
麵粉 …………………1大匙
白醋 …………………1大匙
豬絞肉 ………………300公克
黑香菇 ………………5～6朵
紅蔥頭 ………………3～4粒
魚皮 …………………60公克
沙拉油 ………………5大匙

（A）

醬油 …………………100c.c.
細砂糖 ………………2大匙
米酒 …………………1大匙
柴魚粉 ………………1/2大匙
水 …………………1,000～1,300c.c.
鹽 ……………………適量

[做法]

1 白菜不需切，只要將每片葉子剝開洗淨即可（圖1），香菇洗淨泡水變軟後切丁，紅蔥頭切末備用。

2 大腸內部以麵粉搓揉，用水沖刷後，再用白醋仔細的搓揉，並用大量的活水沖刷乾淨，切中段備用（圖2）。筍絲放入水中清洗乾淨，切長段備用，魚皮每5公分切一段。

3 鍋中倒入沙拉油熱鍋，放入絞肉、香菇丁和紅蔥頭末炒香，再倒入（A）料拌炒，接著放入魚皮、筍絲，最後放入白菜和大腸翻炒。

4 待白菜炒得均勻上色且葉片開始出水變軟時，倒入清水轉小火，蓋上鍋蓋煮至沸騰，最後加少許的鹽調味即可。

魚皮

魚皮含有豐富的膠質，滷汁內加入魚皮可以產生自然的濃稠感，與添加太白粉水勾芡的感覺不同。

甜美湯頭

可以向熟識的雞販購買雞油，以水和雞油2：1的比例來調製高湯，更能增添滷白菜的甘美湯頭。

XO醬 炒芥蘭

[材料]

芥蘭菜 ·····················200公克
XO醬 ························1大匙
大蒜 ···························3粒
鹽、黑胡椒粉 ···············適量
沙拉油 ························2大匙

[做法]

1 芥蘭菜放入水中汆燙後撈起，立刻放入冰水中浸泡，大蒜切片備用。

2 鍋中倒入沙拉油熱鍋，放入大蒜爆香，接著放入XO醬炒勻，再放入芥蘭菜快速翻炒後，最後加入鹽和胡椒調味即可起鍋。

下飯ㄟ菜

芥蘭菜
芥蘭菜燙過後放
入冰水中浸泡，
可以保持鮮綠的
顏色。

乾扁
四季豆

Delight to Eat More · Assorted Vegetables

[材料]

四季豆 ……………………200公克
炸油 ……………………半鍋
大蒜 ……………………2粒
豬絞肉 …………………30公克
豆瓣醬 …………………1大匙
醬油 ……………………1大匙
細砂糖 …………………1/2大匙
水 ………………………3大匙
鹽、白胡椒粉 …………適量

[做法]

1 四季豆不需切段直接放入中溫
的油鍋中炸至縮水,也就是表
面皺縮且顏色變深,撈起瀝乾油份
(圖1),大蒜切丁備用。

2 鍋中倒入沙拉油2大匙熱鍋,
放入大蒜和絞肉炒勻,接著放
入豆瓣醬、醬油、糖和水炒勻,再
放入炸好的四季豆快速的翻炒,最
後酌量加入鹽和胡椒即可起鍋。

替代有的人喜歡將豆
瓣醬改成沙茶
醬,品嘗過後覺
得味道也很不
錯,所以你不妨
試試看。

99

醬燒海帶卷

[材料]

海帶卷 …………………120～150公克
黑木耳 …………………………3片
沙拉筍 …………………………1支(小型)
紅蘿蔔 …………………………40公克
甜豆莢 …………………………40公克
沙拉油 …………………………3大匙

（A）

甜麵醬 …………………………2大匙
辣椒醬 …………………………1/2大匙
醬油 ……………………………1/2大匙
細砂糖 …………………………1/4茶匙
鹽 ………………………………適量
水 ………………………………150c.c.

[做法]

1 黑木耳切片、筍切片、紅蘿蔔切片備用，將筍片、紅蘿蔔片和甜豆莢放入滾水中燙過後撈起瀝乾備用。

2 將(A)料調勻備用，鍋中倒入沙拉油熱鍋，放入海帶卷和黑木耳炒勻，再倒入(A)料翻炒，蓋上鍋蓋等略為收汁時，再放入燙過的蔬菜快速翻炒，待材料都炒勻後即可起鍋。

建議

料理醬燒海帶卷時必須蓋上鍋蓋燜一下，讓湯汁與材料充分融勻了之後，再將煮熟的蔬菜放入，這樣可以保持蔬菜的鮮脆度。

Delight to Eat More • Assorted Vegetables

[腐乳空心菜]

[麻婆豆腐]

麻婆豆腐

[材料]

盒裝嫩豆腐 ························1盒
豬前腿肉 ·············80～100公克
辣豆瓣醬 ····················1 1/2大匙
大蒜 ····························2粒
高湯 ····························6大匙
太白粉 ·························1/2大匙
水 ····························2大匙
鹽、黑胡椒粉 ···················適量
蔥花 ····························1大匙
沙拉油 ·························3大匙

[做法]

1 將豬肉切小丁,豆腐切小塊,
大蒜切末備用。

2 鍋中倒入沙拉油熱鍋,放入大
蒜和豆瓣醬略炒,再放入豬肉
炒至八分熟,最後放入豆腐。

3 倒入高湯轉大火,待稍微收汁
時以太白粉水勾薄芡(圖1),
並加入適量的鹽和胡椒調味,最後
撒入蔥花翻炒一下後即可起鍋。

腐乳空心菜

[材料]

空心菜 ·············200～300公克
蒜泥 ····························1茶匙
豆腐乳 ····························1塊
豆瓣醬 ·························1/2大匙
水 ····························3大匙
沙拉油 ·························3大匙

[做法]

1 先將蒜泥、豆腐乳、豆瓣醬和
水混合均勻備用(圖1)。空心
菜切段備用。

2 鍋中倒入沙拉油熱鍋,放入拌
好的調味料炒過,再放入空心
菜快速翻炒,待空心菜炒勻且熟透
後即可起鍋。

山蘇

空心菜還可以改成綠椰菜或是山蘇,喜歡
重口味的人不妨將豆瓣醬改成辣味。

麻婆豆腐應注意

炒大蒜和辣豆瓣醬的火候不宜過大,以免
大蒜炒焦了而影響菜餚的顏色,另外勾芡
亦不可過厚,以免菜餚失去了原有的風
味。

家鄉豆腐

[材料]

傳統板豆腐 ……………………2塊
太白粉 ……………………2大匙
炸油 ………………………半鍋
（A）
雞肉 ………………………30～40公克
蝦米 ……………………1大匙
豆豉 ……………………1大匙
紅辣椒丁 ………………1/2大匙
嫩薑丁 …………………1/2大匙
高湯 ……………………3大匙
醬油 ……………………1 1/2大匙
黑醋 ……………………1/2茶匙
蔥花 ……………………1/2大匙
鹽、白胡椒粉 ……………適量

[做法]

1 豆腐瀝乾後抹上太白粉，整塊放入中溫的油鍋中炸至表面金黃後起鍋，對切成一半（圖1），豆腐表面輕劃十字刀痕（圖2），深不破底即可。

2 雞肉放入滾水中燙至八分熟，取出切小丁備用。

3 鍋中倒入沙拉油3大匙熱鍋，放入蝦米爆香，接著放入雞肉、豆豉、辣椒和薑快速翻炒，並倒入高湯、醬油和黑醋，轉大火讓湯汁沸騰，加入適量的鹽和胡椒，最後放入蔥花快速翻炒，再淋在豆腐上即可。

建議

不須等到收完湯汁才將材料起鍋，應保留一些鮮美湯汁淋在豆腐上，才算是可口的下飯菜。

各種豆腐適合的烹飪方式通常涼拌、燴和湯可使用盒裝嫩豆腐；煎、煮、炒、燴類時就使用傳統板豆腐，因為板豆腐經得起久煮；至於臭豆腐則非常適合清蒸、紅燒或油炸，很多上海餐廳都有獨家口味的清蒸或紅燒臭豆腐，下次上館子的時候不妨將它學起來，再向親友露一手。

下
飯
ㄟ
菜

蝦仁豆腐

[材料]

蝦仁 ……………………100公克
蛋白 ………………………1個
傳統板豆腐 ……………100公克
太白粉 ……………………1大匙
絞肉 ……………………50公克
嫩薑末 …………………1/2大匙
蔥花 ……………………1/2大匙
鹽、白胡椒粉 ……………適量
沙拉油 ……………………5大匙
(A)
辣豆瓣醬 …………………1大匙
淡色醬油 ………………1/2大匙
麻油 ……………………1茶匙

[做法]

1 蝦仁挑去背泥切半,與蛋白混合醃15分鐘。豆腐抹上太白粉,放入低溫的油鍋中炸至表面酥黃,撈起瀝乾油份,待涼後切丁備用。

2 將(A)料攪拌均勻備用,鍋中倒入沙拉油熱鍋,放入絞肉和薑末炒至八分熟,瀝除蝦仁多餘的蛋汁後放入炒鍋中,並放入(A)料及豆腐翻炒,起鍋前加入蔥花和適量的鹽、胡椒調味即可。

辣椒粉
如果覺得還不夠辣,可以酌量加入辣椒粉調味。

板豆腐
炸過的豆腐外皮酥脆、內部柔軟,非常適合製作這道料理。

下飯ㄟ菜

辣醬臭豆腐

[材料]

生臭豆腐	3塊
高麗菜葉	2片
大蒜	2粒
紅辣椒	2支
辣豆瓣醬	1大匙
炸油	半鍋

（A）

高湯	6大匙
醬油	1大匙
黑醋	1/2大匙
細砂糖	1/4茶匙
鹽、白胡椒粉	適量

[做法]

1. 臭豆腐放入中溫的油鍋中炸至表皮酥脆，撈起瀝乾油份，每塊對角切成四塊備用（圖1）。將(A)料攪拌均勻備用。

2. 高麗菜選擇靠近梗部的部份並切丁（圖2）、大蒜切丁、辣椒切丁，鍋中倒入沙拉油2大匙熱鍋，放入高麗菜丁、大蒜丁、辣椒丁與辣豆瓣醬爆香，倒入(A)料轉大火讓湯汁沸騰。

3. 將炸過的臭豆腐放入炒鍋中，迅速的翻炒一下即可起鍋。

生臭豆腐

傳統市場或是連鎖超市都可以買到生的臭豆腐，所謂生的臭豆腐就是還未下鍋油炸的。

高麗菜梗部

高麗菜盡量選用靠近梗部的部份，因為這樣炒好的蔬菜才能保持清脆的嚼感。

湖南蛋

[材料]

水煮蛋 …………………………2個
豆豉 ……………………………1大匙
紅辣椒 …………………………2支
大蒜 ……………………………2粒
蔥花 ……………………………2大匙
醬油 ……………………………1大匙
鹽、黑胡椒粉 …………………適量
沙拉油 …………………………2大匙

[做法]

1 水煮蛋用切割器切成片狀（圖1），辣椒和大蒜切丁備用。

2 鍋中倒入沙拉油熱鍋，放入豆豉、辣椒、大蒜和蔥花炒香，再加入醬油、鹽和胡椒調味，最後放入蛋快速翻炒後起鍋。

1

注意

蛋如果太早放入翻炒，很容易將蛋白蛋黃炒散了，所以務必將蛋留至最後才放入。

切蛋方法

想把蛋切出整齊的片狀，也可以用縫紉的線含在嘴中，利用牙齒咬住，將線拉緊，一手拿著蛋，另一手以線朝蛋呈垂直方向切割即可，非常經濟的一種方法，但需稍加練習才行。

[湖南前鋒菜]

[魚香烘蛋]

魚香烘蛋

[材料]

雞蛋 ·························3個
太白粉 ·····················1茶匙
清水 ·······················1大匙
鹽 ·························適量

（A）

嫩薑丁 ·····················1茶匙
豬絞肉 ·····················50公克
甜麵醬 ·····················2茶匙
醬油 ·······················1/2大匙
細砂糖 ·····················1茶匙
水 ·························1大匙

[做法]

1 雞蛋打散，與太白粉、清水和
鹽混合攪拌均勻，平底鍋內倒
入沙拉油3大匙熱鍋，放入蛋液以
最小火慢慢烘至兩面全熟（圖1），
剷起放入盤中。

2 將（A）料混合均勻，原鍋內倒
入適量的沙拉油熱鍋，放入
（A）料拌炒，炒熟之後趁熱淋在烘
好的蛋上即可。

湖南前鋒菜

[材料]

豆乾 ·······················6～8塊
豆豉 ·······················1大匙
紅辣椒 ·····················1支
蝦米 ·······················1/2大匙
醬油 ·······················1/2大匙
蔥花 ·······················1大匙
鹽、黑胡椒粉 ···············適量
沙拉油 ·····················3大匙

[做法]

1 豆乾切丁、辣椒切丁，蝦米泡
水後瀝乾備用。

2 鍋中倒入沙拉油熱鍋，放入豆
乾炒至表面乾乾酥酥的，再放
入蝦米、豆豉和辣椒翻炒，起鍋前
放入醬油、蔥花、鹽和胡椒拌炒均
勻即可。

烘蛋

烘蛋的油要夠、火要小；而且最好
使用材質厚的平底鐵鍋，才能將蛋
烘得漂亮均勻。

變化

在烹調湖南前鋒菜時可以多加一點
黑胡椒粉，讓菜餚增加胡椒的辣
味，非常的下飯喔。

番茄滑蛋

[材料]

雞蛋 ……………………………3個
整粒番茄罐頭 …………………1罐
太白粉 …………………………1茶匙
水 ………………………………1大匙
鹽 ………………………………適量
沙拉油 …………………………2大匙

[做法]

1 取出整粒番茄罐頭內的番茄2片，切丁備用(圖1)。

2 雞蛋打散，與太白粉、水和鹽混合攪拌均勻，鍋中倒入沙拉油熱鍋，放入蛋液，以最小火慢慢的將蛋煎至七分熟，再放入番茄丁翻炒，起鍋前舀3大匙的罐頭番茄汁淋在蛋上即可盛盤，表面可用茴香或青蔥、香菜等其他綠色香料裝飾。

番茄罐頭
很多人不習慣使用番茄罐頭，事實上目前的罐頭食品品質穩定，而且只要保存良好都不會對產品有任何影響，你不妨到超市選購，來製作這道非常下飯的料理。

替代
不習慣使用整粒番茄罐頭，可以改用新鮮的紅番茄或小番茄切丁代替，不要選擇帶稍綠的大顆番茄，因具苦味較不適合做烹飪。番茄汁可用市售番茄醬代替，也很可口喔。

芙蓉蒸蛋

[材料]

雞蛋 …………………………3個
蟹肉棒 …………………40公克
魚板 ……………………30公克
青豆仁 …………………20公克
味醂 ……………………1茶匙
柴魚粉 …………………1茶匙
水 ……………450～500c.c.
鹽 ………………………適量

[做法]

1 味醂、柴魚粉、鹽和水攪拌均勻，雞蛋打散加入混合並用濾網過濾一次（圖1），魚板切細條狀，與蟹肉棒一起加入蛋液中。

2 將餡料倒入器皿內，放入蒸鍋中以中火蒸5～6分鐘後（約八分熟），打開鍋蓋將青豆仁鋪在蛋上（圖2），繼續蒸約5～6分鐘即可。

味醂

味醂是一種日式醬油，也叫做米霖。

火候

蒸蛋的火侯不宜過大，以免蛋的表面出現很多的孔洞；而加入味醂將使蛋的口感特別滑嫩。

過濾

攪打雞蛋時，空氣很容易進入蛋液中形成氣泡，與其他調味料混合後，最好先將氣泡濾除再進行烹飪，這樣蒸好的蛋表面較平滑美觀。

市售高湯

水可以用高湯代替，市面上高湯種類多，有罐頭高湯、高湯塊、鮮雞精等；且使用起來相當方便，一般雜貨店或超市皆有販售。

COOK 50 系列　特16開全彩，每本書50道菜，有重點步驟圖。

TASTER系列

TASTER 001
冰砂大全 蔣馥安著
——112道最流行的冰砂
特價199元

TASTER 002
百變紅茶 蔣馥安著
——112道最受歡迎的紅茶‧奶茶
定價230元

TASTER 003
清瘦蔬果汁 蔣馥安著
——112道變瘦變漂亮的果汁
特價169元

TASTER 004
咖啡經典 蔣馥安著
——113道不可錯過的冰熱咖啡
定價280元

COOK 50019
3分鐘減脂美容茶 楊錦華著
——65種調理養生良方
定價280元

COOK 50024
3分鐘美白塑身茶 楊錦華著
——65種優質調養良方
定價280元

COOK 50020
中菜烹飪教室 張政智著
——乙丙級中餐技術士考照專書
定價480元

COOK 50025
下酒ㄟ菜 蔡萬利著
——60道好口味小菜
定價280元

COOK 50021
芋仔蕃薯 梁淑嫈著
——超好吃的芋頭地瓜點心料理
定價280元

COOK 50026
一碗麵 趙柏淯著
——湯麵乾麵異國麵60道
定價280元

COOK 50022
每日1,000Kcal瘦身餐
——88道健康窈窕料理
黃苡菱著 定價280元

COOK 50027
不失敗西點教室 安妮著
——最容易成功的50道配方
定價320元

COOK 50023
一根雞腿 林美慧著
——玩出53種雞腿料理
定價280元

COOK 50028
絞肉の料理 林美慧著
——玩出55種絞肉好風味
定價280元

輕鬆做系列

輕鬆做001
涼涼的點心 喬媽媽著
特價99元

輕鬆做002
健康優格DIY
陳小燕、楊三連著 定價150元

國家圖書館出版品預行編目資料

下飯ㄟ菜—讓你胃口大開的60道料理/ 邱筑婷著.
— 初版 —
臺北市：朱雀文化，2000[民89]
　面；　公分. —(COOK50；17)
ISBN 957-0309-24-5(平裝)

　1. 食譜

427.1　　　　　　　　　　　　　　89016657

下飯ㄟ菜
～讓你胃口大開的60道料理～
(cook50017)

作者	邱筑婷
攝影	褚　凡
美術編輯	葉盈君
食譜編輯	葉菁燕
企畫統籌	李　橘
會計	莫少閒
出版者	朱雀文化事業有限公司
地址	北市基隆路二段13-1號3樓
電話	02-2345-3868
傳真	02-2345-3828
劃撥帳號	19234566 朱雀文化事業有限公司
e-mai	redbook@ms26.hinet.net
網址	http://redbook.com.tw
總經銷	展智文化事業股份有限公司
ISBN	957-0309-24-5
初版一刷	2000.12
初版三刷	2004.03
定價	280元
出版登記	北市業字第1403號